MAMMALOGIE COMPARÉE

PAR

Le Docteur ATGIER

DE LA FACULTÉ DE MÉDECINE DE PARIS
MÉDECIN MAJOR DU 25e RÉGIMENT DE DRAGONS
MEMBRE DE LA SOCIÉTÉ D'ANTHROPOLOGIE
DE PARIS

ANGERS

GERMAIN & G. GRASSIN, IMPRIMEURS-LIBRAIRES

40, rue du Cornet et rue Saint-Laud

1895

MAMMALOGIE COMPARÉE

PAR

Le Docteur ATGIER

DE LA FACULTÉ DE MÉDECINE DE PARIS
MÉDECIN MAJOR DU 25e RÉGIMENT DE DRAGONS
MEMBRE DE LA SOCIÉTÉ D'ANTHROPOLOGIE
DE PARIS

ANGERS

GERMAIN & G. GRASSIN, IMPRIMEURS-LIBRAIRES

40, rue du Cornet et rue Saint-Laud

1895

MAMMALOGIE COMPARÉE

Dispositions normales des mamelles des différents mammifères rencontrées à l'état d'anomalies dans l'espèce humaine.

Chapitre Premier. — Polymastie

La polymastie est l'existence de mamelles surnuméraires dans l'espèce humaine. Le siège de ces mamelles surnuméraires fait subdiviser la polymastie en p. pectorale, lorsque ces mamelles siègent à la poitrine ; en p. abdominale, à l'abdomen ; pectoro-abdominale, à la poitrine et à l'abdomen tout à la fois ; inguinale, à l'aine ; axillaire, à l'aisselle ; scapulaire, à l'épaule ; vulvaire, à la vulve, etc.

1° *P. pectorale*

Les mamelles pectorales, au nombre de deux, existent chez les sirènes, les chauves-souris, les singes primates, les éléphants, mâles et femelles, etc., etc. ; nous les retrouvons également dans l'espèce humaine ; chez l'homme, elles sont stériles, chez la femme, elles sont fécondes ; tel est, jusqu'à présent, l'état normal dans l'espèce humaine ; mais où l'état normal n'existe plus et où l'anomalie commence, c'est lorsque ces mamelles pectorales dépassent chez nous le nombre deux.

Ces anomalies sont moins fréquentes qu'on ne se l'imagine et si nous allions le torse nu, comme les sauvages, tout le monde en serait convaincu.

Je citerai, à l'appui, le cas signalé par le Dr Testut, de Bordeaux, qui eut lieu d'observer une jeune Bordelaise ayant trois mamelles, fécondes toutes trois.

Blanchard observa également une nourrice ayant trois mamelles, avec cette différence, c'est que la mamelle surnuméraire, au lieu de siéger à droite, comme dans le premier cas, siégeait à gauche ; et enfin le cas observé récemment par M. le Dr Legludic, chez une femme d'Angers, cas semblable au précédent.

J'ai retrouvé cette anomalie six fois chez l'homme trois fois à gauche et trois fois à droite.

Le *Siglo medico* (journal espagnol) rapporte, en 1883, le cas d'une nourrice espagnole qui avait quatre mamelles pectorales fécondes et qui nourrissait son enfant tantôt avec les mamelles normales, tantôt avec les mamelles surnuméraires.

J'ai rencontré un militaire du 137e d'infanterie, en 1885, qui portait quatre mamelles : les deux supplémentaires étaient situées l'une au-dessus, l'autre au-dessous de la mamelle normale droite.

J'ai rencontré depuis un conscrit de l'Indre, en 1894, porteur de quatre mamelles, les deux surnuméraires situées au-dessous des normales.

2° P. *pectoro-abdominale*

Dans ces cas, les mamelles sont situées à la poitrine et à l'abdomen ; nous trouvons cette disposition mammaire normale chez le lion, le tigre, le chien, le chat, le rat, le porc, etc., etc. ; nous le trouvons aussi à l'état d'anomalie dans l'espèce humaine.

Un cas de ce genre est cité par le Dr Percy, médecin militaire sous l'empire, qui observa une vivandière valaque ayant cinq mamelles : les trois supplémentaires étaient sur deux rangs, les deux premières situées au-dessous des mamelles normales, la troisième située sur la ligne médiane, entre le creux épigastrique et l'ombilic.

Un autre cas plus complet fut observé par le Dr Gardner, du cap de Bonne-Espérance, chez une jeune mulâtresse qui portait six mamelles. Ces mamelles étaient situées sur deux lignes latérales, au-dessous des mamelles normales, convergeant de haut en bas vers la ligne médiane du corps et formant un angle aigu ayant pour sommet l'ombilic.

Gardner ajoute qu'à chaque accouchement, cette mulâtresse avait quatre ou cinq enfants.

Ici la nature avait proportionné, comme chez les animaux, le nombre des petits au nombre des mamelles.

Chez l'homme, nous avons retrouvé cette disposition mammaire. Un conscrit arrivant au 135e d'infanterie, en 1891, portait à droite la mamelle normale seule et à gauche deux mamelles surnuméraires, situées sur une ligne oblique allant de la mamelle normale à l'ombilic.

Enfin, le médecin militaire chargé du Conseil de révision de Seine-et-Oise, en 1883, trouva, à Saint-Germain-en-Laye, un conscrit porteur de six mamelles absolument disposées comme celles de la mulâtresse du Cap.

3° *P. axillaire*

Dans la nature, nous trouvons des animaux ayant leurs mamelles normales situées dans l'aisselle ; telle est la grande roussette de la famille des Cheiroptères et le daman du Cap, de la famille des Pachydermes (Hyracidés).

Cette disposition mammaire à l'état d'anomalie a été observée par le Dr Lorrain, professeur à la Faculté de Médecine de Paris, chez une Parisienne qui, outre les mamelles normales, portait une mamelle surnuméraire dans chaque aisselle.

Nous n'avons pas, pour notre part, observé de mamelle complète dans l'aisselle, mais nous avons observé plusieurs fois, dans cette région, un mamelon saillant, pigmenté et du volume d'un mamelon normal, chez la femme et chez l'homme.

4° *P. inguinale*

Certains mammifères portent leurs mamelles dans l'aine ; tels sont la vache, la brebis, la biche, la chèvre, la chamelle, etc., etc.

Cette disposition spéciale se retrouve également dans l'espèce humaine.

Le Dr Robert, de Marseille, a observé une nourrice ayant une mamelle féconde à la région supérieure de la cuisse, près du pli de l'aine droite.

Adrien de Jussieu a observé, lui aussi, une nourrice ayant une mamelle surnuméraire féconde dans l'aine gauche.

L'histoire nous rapporte que la mère d'Alexandre

Sévère et qu'Anne de Boleyn, femme de Henri VIII, portaient une mamelle surnuméraire inguinale.

Nous avons trouvé, chez l'homme, une fois sur cent, un mamelon saillant et pigmenté dans l'aine.

5° *P. vulvaire*

Les mamelles normales sont situées de chaque côté de la vulve, chez la baleine et divers autres cétacés.

Cette disposition mammaire a été observée à l'état d'anomalie dans l'espèce humaine.

Hartung a rencontré une femme portant une véritable mamelle située sur une des grandes lèvres.

6° *P. scapulaire*

Chez le porc-épic, les deux mamelles sont situées sur chaque épaule.

Cette disposition a été trouvée chez une femme qui portait une mamelle véritable sur l'épaule, au niveau de l'acromion.

Ainsi donc, les dispositions mammaires des mammifères, si multiples qu'elles soient, se retrouvent toutes à l'état de rareté dans l'espèce humaine ou, pour mieux dire, à l'état d'anomalies.

7° *P. dorsale*

Le Coy-pou ou myopotame a ses mamelles sur le dos ; cette disposition a été rencontrée chez l'homme.

Chapitre II. — Polythélie

Après avoir passé en revue les anomalies de la mamelle dans l'espèce humaine, nous allons voir les anomalies du mamelon pris isolément (πολυς plusieurs θελος mamelon).

La polythélie ou pluralité des mamelons sur une seule mamelle est à l'état normal chez la vache, qui porte à sa mamelle unique quatre mamelons normaux ou tétines et, souvent, un ou deux mamelons surnuméraires ; la polythélie se retrouve aussi chez la brebis, la chèvre, etc.

Witkowski, dans un ouvrage sur la génération humaine, cite une femme qui, à chacune de ses deux mamelles normales, portait plusieurs mamelons.

A sa mamelle droite, elle portait deux mamelons sur une seule rangée.

A sa mamelle gauche, elle portait cinq mamelons, trois au niveau du mamelon normal, sur une rangée, et deux au-dessus, sur une autre rangée.

Nous avons rencontré un turco, en Algérie, qui, sur l'aréole de la mamelle gauche, portait deux mamelons dictincts et de grosseur normale.

Chapitre III. — Anomalies diverses des mamelles

Il existe bien d'autres anomalies n'ayant rapport ni au nombre ni à la disposition des mamelles :

1° Les Monotrèmes, tels que l'Échidné et l'Ornithorynque ont des mamelles dépourvues de mamelons, elles sont formées de cœcums cylindriques s'ouvrant sur une aréole ovale ; le petit, pour téter, est obligé de faire ventouse avec ses lèvres sur cette aréole.

Nous retrouvons cette absence de mamelon et même l'invagination du mamelon chez certaines femmes qui, pour ce motif, font des nourrices défectueuses, car la succion de l'enfant, dans ces conditions, loin d'être impossible, n'en est pas moins très fatigante, au point qu'elle est presque toujours abandonnée.

2° Les Marsupiaux ont les mamelles recouvertes par un muscle dont les contractions déterminent la sortie du lait, selon la volonté de la mère et non à la guise du petit.

Nous avons observé, à Alger, une nourrice mauresque qui faisait jaillir en tous sens le lait de ses mamelles, à volonté, sans aucune pression, par l'action volontaire du muscle sous-aréolaire, véritable muscle peaucier limité à l'aréole qui, chez elle, avait une puissance anomale et une action semblable au muscle mammaire des Marsupiaux.

Chapitre IV. — Conclusions

Que conclure de ces anomalies bizarres? Dirons-nous, avec certains savants, que ce sont là des cas d'hérédité, d'atavisme, de réversivité? Certains, en disant ces mots, croient avoir tout dit ou prouvé.

Pourront-ils nous prouver qu'il ait existé jadis des races humaines portant six mamelles pectoro-abdominales, ou des mamelles inguinales, axillaires, scapulaires, vulvaires, etc., etc.?

Eh bien! et les mamelles masculines, qu'en diront-ils? Soutiendront-ils qu'elles furent jadis fécondes et qu'elles ne sont qu'un état héréditaire lointain d'un âge d'or où l'enfant était allaité par le père et la mère alternativement?

Aucune preuve ne pouvant nous être donnée, ni pour l'une ni pour l'autre de ces hypothèses, nous conclurons simplement que ce sont là uniquement des cas établissant des traits-d'union entre l'homme et les autres mammifères, au point de vue d'organes similaires et ayant la même destination. « *Natura non facit saltus* » a dit Linné ; cet adage dit tout, Linné seul a raison.

Depuis cette étude sur les anomalies mammaires, nous avons eu lieu d'étudier d'autres anomalies, telles que la Polycomie, ou pluralité des chevelures ; la Polydactylie, ou pluralité anomale des doigts ; toutes les anomalies de passage entre les organes génitaux de l'homme et ceux de la femme, qu'on retrouve toutes à l'état normal à différents âges de l'embryon. De ces études multiples, qu'il serait trop long de décrire ici, nous avons conclu, en formulant une sorte de loi sur les anomalies, ainsi conçue : « *Toutes les anomalies humaines se retrouvent à l'état normal chez l'embryon ou les espèces inférieures.* »

Angers, imp. Germain et G. Grassin. — 1651-95.